TIME
时间是什么

知了◎著　[俄罗斯]什莫伊洛娃·阿廖娜◎绘

北方妇女儿童出版社
·长春·

图书在版编目（ＣＩＰ）数据

时间是什么 / 知了著；(俄罗斯) 什莫伊洛娃·阿廖娜
绘 . — 长春：北方妇女儿童出版社，2022.8（2023.11 重印）
ISBN 978-7-5585-6443-7

Ⅰ . ①时… Ⅱ . ①知… ②什… Ⅲ . ①时间－儿童读物
Ⅳ . ① P19-49

中国版本图书馆 CIP 数据核字 (2022) 第 084733 号

时间是什么

SHIJIAN SHI SHENME

出 版 人	师晓晖
策 划 人	师晓晖
责任编辑	国增华　魏士昌
整体制作	北京华鼎文创图书有限公司
开　　本	889mm×1194mm　1/16
印　　张	3.5
字　　数	50千字
版　　次	2022年8月第1版
印　　次	2023年11月第5次印刷
印　　刷	河北尚唐印刷包装有限公司
出　　版	北方妇女儿童出版社
发　　行	北方妇女儿童出版社
地　　址	长春市福祉大路5788号
电　　话	总编办：0431-81629600
	发行科：0431-81629633
定　　价	50.00元

目录

砰！时间诞生了

很多科学家认为，大约在138亿年前，宇宙从一场大爆炸中诞生了。从此以后，才有了时间。

在大爆炸之前，世界上什么都没有。没有太阳，没有地球，没有山，没有水，更没有人。我们现在所知道的一切都被压缩在一个密度非常大、体积非常小的东西里，科学家们把它叫作奇点。

突然有一天，爆炸开始了。奇点迅速膨胀，就像前一秒还是婴儿的宇宙，一下子长成了一个巨人。在膨胀的过程中，它释放出了巨大的能量和无数的粒子。

一般人体腋温超过37.2℃时就算发烧了；
水烧开时的温度大约是100℃；
太阳的表面温度约为6000℃；
而宇宙诞生初期的温度超过

10000000000℃！

光是想想都觉得太热了！

短短几分钟后，随着宇宙不断膨胀，温度逐渐降低，微观粒子开始聚在一起，形成原子核。

数亿年后，原始的星系出现了。

又经过了一百多亿年，宇宙才变成现在这样繁星闪耀的样子。

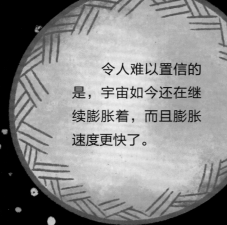

令人难以置信的是，宇宙如今还在继续膨胀着，而且膨胀速度更快了。

和刚诞生时不同，现在的宇宙已经变得非常冷了，大部分空旷区域的温度大约只有-270℃。

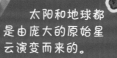

太阳和地球都是由庞大的原始星云演变而来的。

太阳形成不久后，太阳星云里的物质不断聚集。

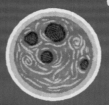

这些物质逐渐形成了包括地球在内的各个行星、卫星、小行星和其他天体。

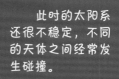

此时的太阳系还很不稳定，不同的天体之间经常发生碰撞。

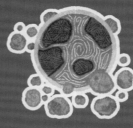

在一次大碰撞中，地球的一部分被撞到了太空中。

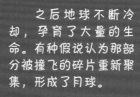

之后地球不断冷却，孕育了大量的生命。有种假说认为那部分被撞飞的碎片重新聚集，形成了月球。

在没有计时工具之前，人们只能依靠观察太阳来安排自己的一天。

今天运气真好！居然采到了这么多果子。

早上，太阳从东边升起，世界变得明亮，人们抓紧时间去寻找食物。当时可没有现在这么多美食可供选择，人们只能通过采集野果、捕猎野兽来填饱肚子。

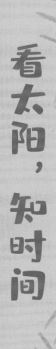

看太阳，知时间

对于当时的人们来说，如果能够捕获一头身躯庞大的猛犸象，那么接下来的一段时间内都可以不用再去狩猎了。然而这种机会非常难得。

晚上，太阳从西边消失后，世界变得漆黑。黑暗中充满了危险，于是人们就寻找安全的地方睡觉，等待太阳再次升起。

时间在太阳的东升西落中慢慢过去了，于是人们就把一个白天加一个夜晚叫作一日。

还好有火给我们带来温暖。

如果野兽来了，我就用火把驱逐它！

地球上的一切生物都依靠着太阳释放的能量生存，所以太阳在人们的心目中有着无与伦比的重要地位。在世界上不同地区的文明中，都不约而同地出现了太阳神的形象。

在希腊神话中，太阳神赫利俄斯会驾着由四匹马牵引着的金色马车飞过天空，为大地带来光明。

后来，阿波罗逐渐与赫利俄斯混同，并取而代之。

苏尔是北欧神话中的太阳女神，她每天都会驾驶由两匹天马拉着的马车飞过天空。

马车上装着从火焰之国取来的巨大火块。有一匹狼紧紧追赶着马车，妄想把苏尔吃掉。

为了供奉太阳神，阿兹特克人还在墨西哥修建了一座宏伟的太阳金字塔。

威齐洛波契特利是阿兹特克人的太阳神。据说他出生时就全副武装。

在中国古代神话中，太阳女神羲和生了十个太阳。这十个太阳居住在扶桑树上，每天轮流出现在天上，为人们带来光明和热量。

出土于三星堆的1号大型青铜神树据说就是神话中的扶桑树，树上有九只神鸟，而这些神鸟有可能就是象征着太阳的金乌。

古埃及时间到

太阳和尼罗河对古埃及人来说有着非常重要的意义——根据太阳的升起落下，人们制定了日与年；根据尼罗河的泛滥规律，人们划分出了季节。

新的一天开始了！跟我一起去古埃及看看吧！

在古埃及神话中，太阳神拉是最伟大的神。每天白天，他都会乘坐着太阳船在天空中巡游，为大地带来阳光和温暖。

快走！快走！河水追上来了！

啊！光明！

古埃及的一年只有3个季节，分别是泛滥季、播种季和收获季。

泛滥季

尼罗河泛滥时会淹没村庄和农田，所以人们会把家搬到高处。这段时间也是人们休息的时候。

第十一个小时，太阳神来到了到处都是火坑的洞穴之国。

第十二个小时，太阳神来到了复活女神居住的女神之国。

第十个小时，太阳神来到了由他统治的泉水之国。

第九个小时，太阳神来到了烈焰王国。十二条大蟒蛇喷出火焰，照亮了道路。

危急之下，伊西斯女神用她的魔法制止了阿波菲斯。

夜里的十二个小时太阳神再次出现在了东方，继续给大地带来光明和温暖。

胜利就在前方，加油！

第八个小时，太阳神来到了死神之国。

第七个小时，太阳神来到了岩洞王国，可怕的蛇怪阿波菲斯准备袭击太阳神。

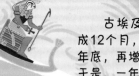

古埃及人发现，明亮的天狼星总是隔一段时间就会和太阳同时升起，而尼罗河的泛滥周期也和这个时间紧密相关。于是，古埃及人就把它们共同升起的那天作为一年的开始。这是人类历史上最早的太阳历。

古埃及的太阳历把一年分成12个月，每个月30天。每到年底，再增加5天"添加日"。于是，一年就有了365天。

$$30×12+5 = 365$$

继续前进，不畏黑暗。

收获季

粮食成熟后，人们就抓紧时间收割粮食，然后制作成面包和酒。

播种季

洪水过后，土壤变得肥沃，人们开始播种粮食。小麦和大麦是古埃及人最主要的粮食作物。

当太阳神乘船到了地平线以下时，夜晚降临了。太阳神沿着河流巡视冥间的十二个王国。十二位夜女神将会依次引导太阳船前进。

第二个小时，太阳神到达了乌奴斯。这个国家的河面上有很多筏子。

夜里的第一个小时，太阳神到达了拉神之河。河岸边有六条喷火的巨蛇。

第三个小时，太阳神到达了奥西里斯掌管的冥界。

变身！

第四个小时，太阳神来到了墓地之国。这里到处是沙子和蛇，就连太阳船也变成了一条巨蛇。

第五个小时，太阳神到达了隐秘王国。这里的洞穴里居住着法老的守护神荷鲁斯。

第六个小时，太阳神到达了源泉之国。这里有很多神秘的石像。

无论冥间有多么危险和可怕，我都会将光明再次带给古埃及。

消失的 10 天

2000多年前，古罗马的儒略·恺撒征服了埃及，并带回了埃及的太阳历。

在天文学家的建议下，恺撒参照埃及的太阳历重新制定了历法，这种新历法被称为儒略历。

听明白怎么设置闰年了吗？

不必了。

要给2月增加天数吗？

好、好像明白了。

因为2月和死亡有关，人们都想快点度过，所以新增的10天并没有分给2月。直到现在它都是12个月份中天数最少的。

原本罗马历的普通年份只有355天，恺撒在它的基础上增加了10天，使得一年有365天。

恺撒还决定每隔3年设置一个闰年。

然而，新历法在实施过程中出现了差错，人们误以为是每3年设置一个闰年。

那接下来的12年里就不要设置闰年了。

在过去的36年里，闰年本应该出现9次，但它却出现了12次，怎么办？

恺撒去世后，屋大维即位。而此时，闰年出现的次数已经比恺撒设想的次数多了3次，于是屋大维修正了这个错误，并让闰年每4年出现一次。

为什么要设置闰年呢？

地球围绕太阳公转一圈大约需要365.2422天，而人们一般把365天算作一年，这样的话，每过4年，太阳历就会比实际情况少大约一天，所以人们就把这一天加到了第4年里。

儒略历对于当时的人们来说已经很准确了，但是时间一久，它的误差越来越大。到1582年时，日历已经比实际的日期晚了约10天。于是罗马教皇格里高利将这10天直接去掉了，这就导致1582年10月4日的第二天就是10月15日。

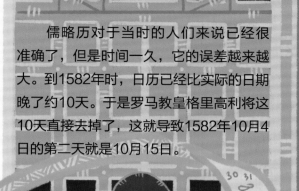

修改过后的历法被称为"格里高利历"，也就是我们现在使用的公历。

每年的公历6月1日是小朋友们的节日——儿童节。

是我看错了吗？昨天还是10月4日，为什么睡了一觉就到了10月15日？

虽然很不可思议，但这在历法变更时是很正常的。当初恺撒改用儒略历时，为了让1月1日成为新年第一天，他把前一年延长了几十天，因此那一年一共有445天！

真是漫长的一年！

教皇还规定，能被4整除的年份是闰年，但如果遇到以"00"结尾的年份，必须能被400整除才能是闰年。

2000年和2016年是闰年。

1919年和1900年是平年。

改进后的公历更加精确了，大约3000多年才会出现1天的误差。

挑战太阳的月亮与鲜花

挂在夜空中的月亮有时圆，有时弯，有时还会直接消失不见。

人们观察了很长时间，发现月亮总是从一个月牙儿慢慢长成圆月，然后再渐渐变小，直到消失。于是，人们就把这样一个周期称为一个月。

月相为什么会变化？

地球绕着太阳转，月球绕着地球转。它们三者之间的相对位置一直在发生着变化，所以我们每天在地球上看到的月亮也在变化。

下弦月

残月

亏凸月

新月

满月

蛾眉月

盈凸月

有时候，月亮会在一个晚上经历从圆到缺再到圆的过程，这就是月食。

上弦月

月食一般都出现在满月时。

当地球、太阳和月球位于一条直线上，并且地球位于太阳和月球中间时，地球就会慢慢挡住太阳照向月球的光，于是位于地球上的人们就看到了月食。

七月：玉簪花

瑶池仙子宴流霞，
醉里遗簪幻作花。

【宋】王安石

根据太阳制定的历法称为阳历，而根据月亮制定的历法则称为阴历。中国民间也将农历称为阴历，但实际上，农历是一种将阳历和阴历结合起来的阴阳历。

中国的很多节日都是按照农历来计算的，其中最重大的节日莫过于农历大年初一的春节。

农历

花历是一种非常特殊的历法，它以各地当月盛开的花来指代这个月。自古以来，有不少文人墨客用诗句表达了对于这些花儿的喜爱之情。

一月：梅花

墙角数枝梅，
凌寒独自开。

【宋】王安石

二月：杏花

日日春光斗日光，
山城斜路杏花香。

【唐】李商隐

三月：桃花

竹外桃花三两枝，
春江水暖鸭先知。

【宋】苏轼

四月：牡丹

唯有牡丹真国色，
花开时节动京城。

【唐】刘禹锡

五月：石榴花

石榴花发满溪津，
溪女洗花染白云。

【唐】李贺

六月：荷花

接天莲叶无穷碧，
映日荷花别样红。

【宋】杨万里

九月：菊花

待到秋来九月八，
我花开后百花杀。

【唐】黄巢

八月：桂花

何须浅碧深红色，
自是花中第一流。

【宋】李清照

十月：兰花

兰溪春尽碧泱泱，
映水兰花雨发香。

【唐】杜牧

十一月：水仙花

水中仙子来何处，
翠袖黄冠白玉英。

【宋】朱熹

十二月：蜡梅

蜜蜂采花作黄蜡，
取蜡为花亦其物。

【宋】苏轼

四季里的节气

如果地球是垂直围绕太阳转动的，那么地球上就不会有季节的变化。但事实上，地球是倾斜绕太阳转动的，太阳直射点每年在南、北回归线之间来回移动，所以位于温带的人们才会在一年中经历不同的季节。

为了方便记忆每年播种、收获的时间，人们把一年平均分成24份，二十四节气就这样诞生啦！

谷雨是春季的最后一个节气，天气变得温暖起来，降水增多，人们开始播种玉米、花生等农作物。

春分昼夜平分。

春季时，太阳直射点逐渐从南半球向赤道移动。到了春分，太阳直射赤道，全球的白天和晚上都一样长。之后，太阳直射点继续向北回归线移动。

当太阳离北回归线越来越近的，北半球的夏季来了，白天变得比夜晚更长。在北极地区，夜晚甚至消失了。

春

夏

夏季气候炎热，植物长得更加茂盛，动物们也更加活跃。农民伯伯们也忙碌了起来：插秧、除草、施肥、灌溉，样样都不能掉以轻心。

小麦是世界上最重要的粮食作物之一，它可以用来制作面包、馒头、面条、饼干等各种食物。

芒种前后，冬小麦成熟了，人们开始收割小麦。

好热啊！

夏至昼最长，夜最短。

14

在寒冷的冬天，人们穿上了厚厚的衣服来御寒，而一些动物则钻进了舒适的洞穴里冬眠。

冬至昼最短，夜最长。

当太阳直射点南移到南回归线附近时，北半球就进入了冬天。北极地区的阳光也消失了，陷入了漫长的极夜中。

小雪是腌咸菜的最佳时节。

俗话说，"瑞雪兆丰年"。冬天的雪水不仅能灌溉农田，还能起到保暖杀虫的作用。

盐

冬

秋

太阳直射点不会一直北移。当到达北回归线后，它就会掉头往南走，直到秋分时再次回到赤道。

白露到了，天气变得凉爽，棉花也可以采摘了。

这首歌谣里藏着二十四节气呢！

用新棉花做的棉被一定很暖和。

天冷了，我得抓紧时间准备过冬的食物了。

二十四节气歌

春雨惊春清谷天，
夏满芒夏暑相连，
秋处露秋寒霜降，
冬雪雪冬小大寒。

夏天时，充足的阳光促使植物制造大量的叶绿素，所以树叶都是绿色的。但到了秋天，阳光减少，叶绿素也随之减少，而胡萝卜素和花青素则趁机将树叶"染"成黄色或红色。

秋分昼夜平分。

地球年龄竞猜赛

现在，人们都知道地球已经存在了大约46亿年。但测定地球年龄可不是一件容易的事情，毕竟它没有爸爸妈妈为它数着日子过生日，所以人们想了很多办法来确定这个庞大的数字。

地球所在的太阳系中飘浮着很多微小固态天体，它们闯入地球大气层后，就会开始燃烧，形成流星。

17世纪时，爱尔兰的乌雪主教通过比较圣经中的事件和真实历史事件，认为地球诞生于公元前4004年。

19世纪时，英国的开尔文勋爵根据地面散热的速度，推算出假如没有其他热源，地球从满是岩浆的状态冷却到现在只需要不到一亿年的时间。

有些天体直到降落到地面都还没有燃烧完，于是就成了陨石。

然而，无论是依靠创世故事还是地球的散热速度，都不能正确地测算出地球的年龄。直到19世纪末期，人们发现了放射性元素。就目前来看，放射性元素的衰变速率在任何条件下都是恒定的。

陨石

假设有一天，一只恐龙得到了100个苹果，而它每天都会吃掉一个。当我们发现它时，它只有20个苹果了。那么我们就可以推断出这只恐龙是在80天前得到这些苹果的。测算地球年龄当然比这复杂得多，但科学家们总是有办法的。

进入23点58分后，人类祖先才出现在地球上。

22点半刚刚过去，恐龙开始大量出现。

8点到9点时，地球被冰雪覆盖，成了一个"大雪球"。

4点多时，地球上出现了原始生命。

6点左右，地球上形成了细菌和低等蓝藻。

之后的几个小时里，大气中的氧开始大量增加。

如果把地球存在的漫长时间看作一天，那么直到现在，人类出现的时间都还不到两分钟。

20世纪40年代时，美国的地质学家克莱尔在测量了和地球几乎同时诞生的陨石后，得出了地球的年龄估值——45.5亿年。

什么才是地球上最古老的东西呢？恐龙？陨石？

我今年5岁了。

我大概已经4600000000岁了。

利用这种方法，科学家们还测算出了月球的年龄，并且发现月球和地球几乎是同时形成的！

藏在岩石里的时间

为了更好地划分这些岩石的年代，地质学家们决定用"代"和"纪"给每个时期都起个名字。

地球上的岩石形成于不同时期。它们有的已经存在了几亿年，有的却刚刚形成没多久。从这些岩石中，人们能够发现很多动物、植物的化石。

猛犸象

剑齿虎和现代虎很像，但剑齿虎的上牙更加发达，甚至还能捕猎犀牛。

披毛犀是咀嚼植物，身上的长毛可以帮助它们抵御寒冷。

岩石的3种类型

沉积岩

变质岩

火成岩

新生代（约6500万年前至今）

这是哺乳动物大爆发的时代。人类出现后，人类文明开始发展。

现在的大熊猫还保持着原有的古老特征，所以大熊猫也有"活化石"之称。

中生代（距今约2.5亿年~6500万年）

中生代分为三叠纪、侏罗纪和白垩纪。

侏罗纪时，陆地上的裸子植物非常茂盛，恐龙大量出没。

始祖鸟

翼龙虽然长得很像鸟，并且也会飞，但它却和其他恐龙一样都属于爬行动物。

马门溪龙因发现于四川马门溪而得名。它的身长将近22米，其中脖子就占了一半长。

三叠纪时，珊瑚、海龟、鱼龙等动物出现了。

看！这里有一具恐龙的化石！

尽管霸王龙的前肢看起来又小又短，但这并不影响它成为恐龙时代最凶猛的食肉恐龙之一，尖锐的牙齿还有着非常健壮的后肢。

白垩纪末期，行星、彗星撞击地球，火山喷发，恶劣的生存环境让很多植物和动物都灭绝了。恐龙也是在这个时期灭绝的。

蛇颈龙既可以在海中捕食鱼类，又可以上岸休息和繁……

在不同时期形成的岩石有着不一样的特征。根据岩石成分及遗留的物质，人们可以分析出当时的自然环境和生物信息。

晚古生代时期，脊椎动物发生了很重要的变化。鱼类开始有大量出现，并逐渐限上陆地，演化为两栖动物，之后有一些又演变成了爬行动物。

始螈

林蜥

鱼石螈是已知最早的两栖动物之一。

二齿兽的四肢粗壮有力，但它只有上颌长了两颗牙齿。

古生代（距今约5.4亿~2.5亿年）

早古生代时期，海生无脊椎动物大量出现，陆地上有了裸蕨等植物。

三叶虫的名字来自它那好像被分为三部分的头部。

甲冑鱼

沟鳞鱼

鹦鹉螺的壳里一共藏着约30个"小房间"。它可以像潜艇一样，通过吸入、排出海水来调节自身的重量，从而在海里沉浮。

前寒武纪（约5.4亿年前）

地球上出现了浮游的微生物。

千万别小看这些"看不见"的微生物。它们不仅是世界上最早出现的生命形态，还是当今地球生态系统中三个生物要素之一的分解者，能够分解动物残体、石油和植物等。没有微生物，整个世界将无法运行。

石油开采

我们现在使用的石油有很多都是由这个时期的生物转化来的。

19

一天一定是 24 小时吗

一般情况下，我们都认为一天是24小时，但科学家们却说，一天只有23小时56分4秒。谁的说法才是正确呢？

地球自转一周所经历的时间就是一天。

地球就像一位优秀的舞者，总是在不停地旋转，而且它自转的同时还在围绕着太阳不停地公转。

假设地球从此刻面对太阳时开始自转。

嗨！太阳，我要开始转了。

太阳

再次见到你很高兴，太阳。

我转够一圈了，可是太阳在哪里？我还是继续转吧！

00:00:00

23:56:04

00:00:00

当地球再多转一点后，它才像出发时那样正对着太阳。这时的一天是以太阳为参照的，所以叫作一太阳日，也就是24小时。

如果以某一颗遥远的恒星为参照物，地球转够一圈后，由于它相对太阳的位置也发生了变化，所以此时的地球没有像刚开始那样面对太阳。这时的一天就是一恒星日，也就是23小时56分4秒。

所以，上面的两种说法都是正确的，只不过选择的参照物不同而已。在日常生活中，一天24小时的说法更便于我们进行计时。

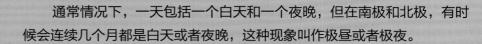

通常情况下，一天包括一个白天和一个夜晚，但在南极和北极，有时候会连续几个月都是白天或者夜晚，这种现象叫作极昼或者极夜。

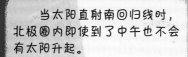

当太阳直射南回归线时，北极圈内即使到了中午也不会有太阳升起。

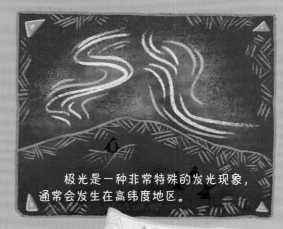

极光是一种非常特殊的发光现象，通常会发生在高纬度地区。

而此时的南极圈整天都是白天，太阳始终挂在天上，就像永远不会落下一样。

我已经连续一个月没有在黑暗中睡过觉了。

地球旋转得越来越慢了。在恐龙刚出现的时候，一天大约只有23个小时。

而现在一天是23小时56分4秒。

也许在很久以后，一天会有30个小时。

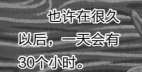

地球自转变慢的原因非常复杂，但很多人相信这和地球的构造以及潮汐变化有关。

地球并不是一个"实心球"，它的内部有着流动的岩浆，就像一个生鸡蛋。当它的外壳转动时，内部的液体就会产生一定的阻力，从而让它慢下来。

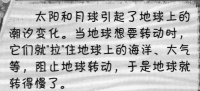

太阳和月球引起了地球上的潮汐变化。当地球想要转动时，它们就"拉"住地球上的海洋、大气等，阻止地球转动，于是地球就转得慢了。

如果我们居住在其他星球上，并且也以这个星球自转一圈作为一天的话，那么这"一天"将会让人目瞪口呆。

水星

1水星日≈59个地球日

1水星年≈88个地球日

英文名字Mercury来源于古罗马神话中众神的使者墨丘利。

水星是八大行星中个头最小的，只比月球大一点点。

在地球上，我们每天都能看到日出的壮丽景色，然而在水星上，我们每两年才能看到一次日出。

在金星上，我们能看到太阳西升东落的神奇景象。

金星

英文名字Venus来源于古罗马神话中的爱与美之神维纳斯。

1金星日≈243个地球日

1金星年≈225个地球日

太热了！

金星虽然不是距离太阳最近的行星，但却是太阳系中最热的行星，表面温度约为467℃！

地球是我们的家园，也是目前人类所知的唯一一个有生命存在的星球。

地球

从太空中看，地球是一个美丽的蓝色星球——地球上约71%的面积都被海洋覆盖着。

月球是地球唯一的一颗天然卫星。

1天≈24小时

火星上也有四季变化。

火星轨道和木星轨道中间有一条小行星带。

1年≈365天

英文名字Mars来源于古罗马神话中的战神玛尔斯。

火星

火星看起来是红色的，就像一个生了锈的铁球，这是因为它的土壤里含有大量的氧化铁。

1火星日≈24小时37分

1火星年≈687个地球日

海王星是太阳系中距离太阳最远的行星，这里的温度在-220℃左右。

英文名字Neptune来源于古罗马神话中的海神尼普顿。

1海王星日≈16个小时

1海王星年≈165个地球年

海王星

在天王星上，白天和夜晚每隔42个地球年才会交替一次。

英文名字Uranus来源于古希腊神话中的天神乌拉诺斯。

天王星

1天王星日≈17个小时

1天王星年≈84个地球年

土星

英文名字Saturn来源于古罗马神话中的农业之神萨图恩，也就是朱庇特的父亲。

如果说其他行星都是在站着转圈，那么天王星就是在躺着转圈。

1土星年≈29个地球年

木星

木星是太阳系中最大的行星。

英文名字Jupiter来源于古罗马神话中的万神之主朱庇特。

1土星日≈11个小时

土星有着非常漂亮的土星环。这些土星环由尘埃、岩石和冰块等组成，其中大的有房屋那么大，小的只有雪花那么小。

1木星日≈10个小时

木星上的大红斑是一场直径比地球还要大的风暴，而且这场风暴已经持续了几百年。

和地球不同，木星有很多卫星。1610年，伽利略用他制作的天文望远镜发现了4颗木星的卫星。其中木卫三甚至比水星还大。

1木星年≈12个地球年

23

嘿！试试用水和沙子来计时

中国是世界上最早使用日晷进行计时的国家之一，日晷主要由晷针和晷面组成。根据晷面和摆放位置的不同，日晷有着不同的种类。

如果让你去划分一天的时间，你会怎么做呢？分为白天和夜晚吗？这样划分当然没有错，但如果你想把一天安排得更加合理，就需要将时间划分得更加详细。

日晷

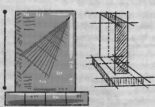

赤道式日晷的晷面平行于赤道面，两个晷面一面朝南，用于秋分到春分这半年；一面朝北，用于春分到秋分这半年。

日晷只能在白天有太阳的时候使用，那么阴雨天气或者晚上没有太阳时，人们怎么知道时间呢？漏壶就这样登上了计时工具的舞台。

漏壶

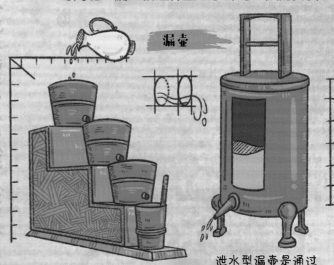

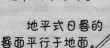

子午式日晷一面朝东，用于上午，一面朝西，用于下午。

圆柱面式日晷的晷面就是半圆筒的内圆柱面。

地平式日晷的晷面平行于地面。

球面式日晷的晷面就是球的内侧，晷针的顶点在球心上。

受水型漏壶是通过观测漏壶中增加的水的多少来计量时间的。

泄水型漏壶是通过观测漏壶中剩余的水的多少来计量时间的。

用流沙来计时也不会受天气和昼夜的影响，因此人们制作了一种叫沙漏的仪器。

直到现在，我们还经常可以看到人们用沙漏来进行倒计时呢！

沙漏

元朝时，詹希元发明了五轮沙漏，通过流沙来推动齿轮旋转，使指针在盘面上指示时间。

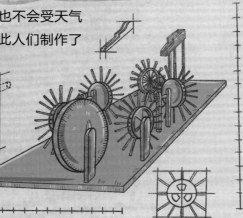

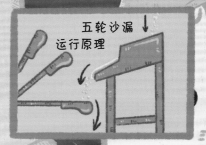

五轮沙漏↓运行原理

北宋时，官员苏颂主持修建了一座高约12米的水运仪象台。这是一种以水作为动力的复杂仪器，每到固定时刻，仪器里就会有小木人进行报时。

水运仪象台

浑仪：可以观测天体运动的一种仪器。

浑象：球面上标注着星宿的位置和名字。

天锁：也叫天衡，一种擒纵装置，可以让齿轮匀速地转动。

天池：储存水的容器。

枢轮：整个仪器的动力系统，由一个巨型齿轮构成，齿轮的边缘上有凹槽来承接平水壶的水。凹槽水满后，在重力的作用下往下坠，从而带动齿轮旋转。

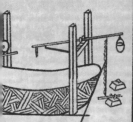

在古代，人们把一天分成十二个时辰，每个时辰又分为前半部分的时初和后半部分的时正。

木阁：最上面一层有3个小门，每到时初，左侧小门里的红衣木人就会摇铃；每到一刻，中间小门里的绿衣木人就会击鼓；每到时正，右侧小门里的紫衣木人就会敲钟。

下面四层各有一个小门。每到固定的时刻，小门里就会出现一些拿着木牌的木人。

昼夜机轮：由8个齿轮组成，每个齿轮每天转动一圈，控制着外侧木阁里的小木人。

平水壶：让水均匀地流到枢轮的凹槽里。

"巨人"的钟表

现在，我们的计时工具变得越来越小，越来越便捷。但永远别忘了，地球上曾经出现过一些非常巨大的计时工具，它们看起来就像是"巨人族"使用的钟表。

斯通亨奇中最大的一块石头高约9米，重约50吨。在科技落后的几千年前，人们是怎么将它们运送到这里并搭建成现在这个样子的呢？现在的人们有很多猜想。

斯通亨奇

有人认为这是外星人利用先进的科技修建的。

标石

每年夏至，太阳都会从特定的标石上升起，因此很多人都相信，斯通亨奇其实是当时的人们用来测算历法的工具。

在英国南部的平原上坐落着一处"巨人之墓"——斯通亨奇。它始建于新石器时代晚期，是世界上最著名的巨石建筑之一。

有人认为是"巨人族"搭建了它们。

嗨哟！嗨哟！

还有人认为是当时的人们利用滚木和斜坡修建了它。

快到午饭时间了，我得抓紧时间干活儿了！

天哪！上学要迟到了！

在古埃及，人们会利用日晷来安排时间。但他们可能也会用到一种更庞大的计时工具——方尖碑。

方尖碑

如果把方尖碑比作日晷中的晷针，那么平坦的地面就像是晷面。

再过一会儿就该回家了。

今天出门的时间比往常晚了一点儿。

等等我！

古埃及日晷

布拉格天文钟

十二星座

布拉格天文钟修建于1410年，但直到现在，它的走时都非常准确。钟表的周围雕刻了很多精美的雕像。每天中午12点，耶稣的12个使徒都会依次出现在钟表上方的窗户里。

月相：随着月球模型内部机关的运行，球体表面的月亮形状也会发生变化。

赤道

平太阳日：天文学上以地球自转周期为基准的时间计量单位，1平太阳日可以分为24平太阳时，也就是我们平时所用的时间单位。

钟塔

为了让齿轮匀速转动，人们在齿轮上增加了擒纵装置。

主轮的下方悬挂着重物。重物自然下落，带动齿轮旋转，从而使指针在表盘上转起来。

14世纪时，人们修建起了钟塔，它是由重物下落来驱动的，构造非常巧妙。

伊丽莎白塔因大本钟而成为世界上最著名的钟塔之一。它高约97米，位于塔上的表盘中仅分针就有4米多长。

自建成以来，大本钟就勤勤恳恳地工作。但偶尔，它也会停下来，短暂地休息一下，比如当维修工人不小心将工具遗忘在了齿轮里、一群小鸟落在了分针上或者冬天的大雪阻止了指针的移动的时候。当然，更多情况下，是因为它需要进行维修了，毕竟它已经160多岁了。

27

精确，精确，再精确

钟表是有误差的，因此在很长一段时间里，人们都需要时不时地对钟表进行校准。那么，有没有一种更加准确、同时更加便携的计时工具呢？

当然有！

16世纪初，德国的钟表匠彼得·亨莱因制作出了世界上第一只怀表。因为这只怀表是椭圆形的，就像一个蛋，而彼得·亨莱因又来自纽伦堡，所以人们把它称为"纽伦堡蛋"。

彼得·亨莱因

如今，我们的时间越来越精确了，所以即使不在同一个地方，也可以约定在相同的时间做相同的事情。与此同时，我们也可以更加合理地安排自己的时间了。

07:00

11:00

07:30

08:30

09:00

12:00

17世纪时，来自荷兰的物理学家惠更斯将摆的等时性原理应用到了钟表上，发明了摆钟。这种改进让钟表的误差大大地降低了。

惠更斯

伽利略

伽利略是意大利著名的科学家，他注意到教堂里的吊灯来回摆动，并反复实验，从而发现了摆的等时性原理。

早上好！现在是北京时间7点整。今天会下雨，出门记得带伞哟！

距离终点站还剩5公里，前方左转。

昨晚睡眠时间共8小时3分钟。

今日已运动40分钟，加油！

当前心率68次/分。

现在，手表越来越智能，不仅可以查看时间，还可以接听电话、预报天气、导航、记录睡眠情况和运动时长等。未来，它可能还会有更多更加便捷的功能。

嘀嘀嘀！

1970年，美国发明了数字式的石英电子表。这种表比传统钟表的功能更多，不仅可以显示时、分、秒，还可以显示年、月、日、星期，以及调整12小时和24小时两种时制，并且还有闹钟功能。

1967年，以电为能源的指针式石英电子表诞生了，它每天的误差仅有0.5秒，极大地提升了钟表计时的精确度。

光速让时间慢下来

$$E = mc^2$$
$$m = m_0 / \sqrt{1 - \frac{v^2}{c^2}}$$

　　爱因斯坦是20世纪最伟大的科学家之一，他提出的相对论改变了很多人对于时间的认识。在他的理论中，光速是不变的，而物体运动的速度越接近光速，时间就会变得越慢。这就意味着，当运动速度达到光速时，时间似乎就会"停止"。这是怎么回事呢？

为了解释这个理论，爱因斯坦提出了雷达钟实验。

① 假设一艘宇宙飞船停在一个空间站内，飞船里装有一个雷达钟，而光像乒乓球一样在雷达钟的两侧来回反射。

光的运动和在空间站里一样。

② 当飞船驶出空间站后，在飞船上的人看来，光从雷达钟一侧到达另一侧的时间并没有发生变化。

光走过的距离变长了。

③ 但在空间站里的人看来，光从雷达钟一侧到达另一侧的时间变慢了，因为光需要花费更多的时间、走更长的距离才能够到达对面！

④ 当飞船的速度越来越接近光速时，光到达另一侧所需要的时间也越来越长，直到飞船的速度到达光速，光就再也不能到达雷达钟的另一侧了。也就是说，时间"停止"了。

在爱因斯坦的理论中，光速在真空中是不会发生变化的。

相对论还提出物体受到的引力越大，时间越慢。所以相对于地面来说，飞机上的时间会更快一些。

0.14 纳秒

　　经过研究，科学家们发现乘坐约300km/h的高铁移动1小时后，时间会变慢约0.14纳秒。但这个差距实在太小了，所以无法被人们察觉到。

我们常用的导航系统需要借助环绕在地球周围的导航卫星来获取位置信息。这些卫星在太空中高速飞行，所以它的时间每天会比地面上的时间慢7微秒；同时卫星又距离地面很远，受到的引力比地面小很多，所以它的时间每天会比地面上的时间快45微秒。两种情况综合后，卫星上的时间每天会比地面快大约38微秒。

目前世界上共有四大导航系统，分别是美国的全球定位系统（GPS）、俄罗斯的格洛纳斯卫星导航系统（GLONASS）、欧盟的伽利略卫星导航系统（GALILEO）和中国的北斗卫星导航系统（BDS）。

1秒=1000000微秒

45

7

38

38微秒对于人们来说几乎可以忽略不计，但如果不及时将卫星上的时间进行校准，那么我们的导航就会每天累积约10千米的定位误差。所以，人们每天都要将卫星上的时间往回调整38微秒。

美国

俄罗斯

欧盟

中国

普通钟表计时不够精确，所以导航卫星中使用了目前最准确的计时仪器——原子钟。目前我国北斗三号使用的原子钟大约每300万年才会有1秒误差。

北斗三号全球卫星导航系统如何通过手机确定人们的位置呢？

北斗系统由空间段、地面段和用户段三部分组成，而我们的手机就是用户段。

① 手机向卫星发送定位请求。

④ 卫星把位置信息转发给手机。

为了保持准确的定位，导航系统会一直更新位置信息。

② 卫星把请求转发到地面的服务基站。

③ 基站通过卫星计算出具体的位置信息并发送给卫星。

1 分钟内会发生什么

130000
我国造林超过130000平方米。

85
我们可以行走约85米。

30
大象心跳30次左右。

100
人类心跳约60到100次。

290
世界上约有290人出生。

5800
我国高铁前进4000到5800米。

110
我国用水约110万立方米。

5
世界上有5本书出版。

16000000
我国发电量超过16000000千瓦时。

3000

100
全世界新增汽车超过100辆。

跳伞运动员自由落体大约3000米。

22

超过22公顷的土地变成沙漠。

150

大食蚁兽的舌头可以伸缩150次左右，以便于进食。

87

座头鲸的声音在海里传播了约87千米。

14000

蜜蜂振翅约14000次。

18000000

光传播了约18000000千米，相当于环绕地球赤道约450圈。

8

蜗牛爬行约8厘米。

龙卷风可以移动约800米。

800

大约100000平方米的森林消失。

100000

28

赤道上站着的一个人随着地球自转移动了约28千米。

2000

猎豹奔跑了近2000米。

升空后的火箭移动约800千米。

一分钟内可以发生的事情有这么多，但如果你什么也不做，一分钟依旧会不紧不慢地过去。

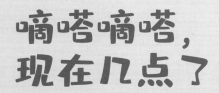

嘀嗒嘀嗒，
现在几点了

钟表真奇怪！同样都是指针从数字1转到了数字2，时针代表着过去了1个小时，分针却代表着过去了5分钟，而秒针代表着只过去了5秒钟，为什么会这样呢？

钟表小镇上的数字都有自己固定的房子。房子里既可以住阿拉伯数字，也可以住对应的罗马数字。仔细找一找，你能把罗马数字和阿拉伯数字一一对应上吗？

我一天只能在表盘上走两圈。当我从一个数字走到下一个数字时，时间就过去了1个小时。

我一天能在表盘上绕24圈。当我从一个数字骑到下一个数字时，时间就过去了5分钟。

表盘上每两个数字之间的区域被分成了5个小格子，整个表盘上一共有60个小格子。

我们都是9！

除了这种指针式钟表，我们在生活中还可以看到另一种数字式钟表。

在阿拉伯数字传入欧洲之前，欧洲人一直使用罗马数字。但是它们写起来比较麻烦，也不方便进行计算，所以现在已经很少有人使用了。

数字式钟表会直接显示出时间，其中位于冒号左边的数字是小时数，位于冒号右边的数字是分钟数。

现在是12点34分。

在"钟表小镇"上，时针、分针和秒针的运行都有着自己独特的规则。

如果把钟表当成一座小镇，那么表盘上的12个数字就是居民。而短短的时针像一个慢悠悠散步的人，走得最慢；中等的分针就像一个骑着自行车的人，走得比时针快多啦！最长的秒针就像一辆小汽车，跑得最快！

如果分针正好指向了数字12，那么现在的时间就是时针指向的数字的整点。

现在是2点整。

我一天可以在表盘上绕1440圈！当我从一个数字跑到下一个数字时，时间才过去了5秒钟。

如果时针在两个数字中间，那么我们就需要把它经过的那个数字作为现在的小时数，然后读出分针指向的分钟数。

有时候，钟表上还会出现第四根指针，它往往出现在闹钟的表盘上。它就像一只睡着了的树懒，一动不动。当时针、分针和秒针同时到达树懒所代表的时间点时，它们就会一起叫醒树懒。

现在是1点20分。

24小时制钟表

在英国的格林尼治天文台，有一个非常特别的钟表，它的表盘被分成了24个格子。这就是24小时制钟表。在这个表盘上，时针一天只能转一圈。

在方形表盘上，有时候会出现格子的大小不一样的情况，但我们只需要数格子数就可以了。

伦敦
中时区 14:00

马德里
东1区 15:00

雅典
东2区 16:00

亚的斯亚贝巴
东3区 17:00

喀布尔
东4区 18:00

塔什干
东5区 19:00

在晚上和你说"早安"

晚上10点钟，如果我们给远在芝加哥的小朋友打电话，那么我们就需要和他们说"早上好"而不是"晚安"，因为这时的芝加哥是早上8点。

地球上的所有国家不可能同时处于白天。因为地球是圆的，就像一个大皮球，而太阳就像一个大灯泡。

白天

地球自西向东转圈的时候，总有一半的地方能被太阳光照到，这些地方的人们就处于白天；而另一半不能被太阳光照到的地方则处于夜晚。

如果全世界都使用同一个地区的时间，那么对于一些地方来说，太阳就会在凌晨1点的时候升起，而人们不得不在凌晨3点的时候去上班。

所以人们把全世界分成了24个时区，每个时区占15个经度，同时区的人们使用同一个时间，而每两个时区之间相差1个小时。

这两个时区的时间一样，但东12区的日期比西12区早一天。

今天是7号，星期天。

东12区 02:00
西12区 02:00
阿纳德尔

西11区 03:00
阿洛菲

西10区 04:00
夏威夷

西9区 05:00
阿拉斯加

西8区 06:00
洛杉矶

西7区 07:00
丹佛

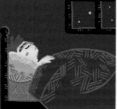

新西伯利亚
东6区 `20:00`

河内
东7区 `21:00`

北京
东8区 `22:00`

东京
东9区 `23:00`

墨尔本
东10区 `00:00`

霍尼亚拉
东11区 `01:00`

我国领土跨越了5个时区，但我们统一使用首都北京所在的东8区时间。

北京时间并不是北京（东经116°）的地方时间，而是东经120°的地方时间，并且这个时间是由位于陕西的中国科学院国家授时中心负责发布的。

今天是8号，星期一。

为了确定地球上每个地方的准确位置，人们在地球仪或者地图上绘制了一张由经线和纬线交织成的"经纬网"。

纬线是地球表面某个点随着地球自转形成的轨迹，并且和经线相互垂直。

夜晚

经线是地球表面连接南、北两极，并且垂直于赤道的弧线。

英国格列尼治皇家天文台所在的经线是本初子午线，也就是0°经线。

在这页的上、下两栏，你可以看到在同一时刻，世界上不同时区的时间。

有些国家在度过夏天时会实行夏令时，将钟表上的时针往前拨1个小时，使得显示的时间比理论时间早1个小时，以便充分利用日光，节省照明电力。当夏天过去后，再把时针往后拨1个小时。

西6区 `08:00`
芝加哥

西5区 `09:00`
华盛顿

西4区 `10:00`
加拉加斯

西3区 `11:00`
里约热内卢

西2区 `12:00`
格陵兰岛

西1区 `13:00`
普拉亚

3，2，1 倒计时
5 4 3 2 1
点火！

随着倒计时的结束，火箭在轰隆隆的巨响和滚滚的浓烟中逐渐飞离地面，奔向宇宙。

戈达德

看！这就是我的火箭！它在空中飞了约12米高、56米远！

1926年3月16日，美国火箭专家、物理学家戈达德研制的世界上第一枚液体火箭试飞成功。但这时，人们还没有用到倒计时。

第一次在火箭发射过程中采取倒计时的是一部科幻电影——《月球少女》。

还有3秒就要点火了。

这部电影让科学家们发现，倒计时不仅能准确区分火箭发射前和发射后的时间，还能让工作人员清楚地知道准备时间还剩下多少，从而产生紧迫感。于是之后的火箭发射就使用了倒计时。

除了10秒点火倒计时，火箭发射还有射前2小时、1小时、30分钟、20分钟等准备口令。在这期间一旦发现问题，就需要及时排除隐患，否则将会影响发射。

知了日报
1970年4月24日

距离长征一号火箭发射只剩2个多小时时，科研人员突然发现了一个从火箭上掉下来的弹簧垫圈。经过再三检查，专家确定这个垫圈只是多余物，并不会影响火箭发射。

（本报记者：小楠）

知了日报
2013年8月27日

日本宇宙航空研究开发机构最新研发的新型固体燃料火箭Epsilon在发射前19秒，因火箭监测系统故障而宣布终止发射。

（本报记者：小吴）

除了火前会用到倒计时，找们日常生活中也有很多事情用到了倒计时。

微波炉加热食物前需要先设置时间。当倒计时结束后，它就会发出"叮"的声音——这是在提醒你食物加热好啦！

红灯停，绿灯行，见了黄灯等一等。

当我们过马路时，有些红绿灯上会有倒计时。

当一种食物被生产出来后，就会自动进入倒计时。保质期就是它的倒数时间。

可撕日历也可以看作一种倒计时，随着日子一天天过去，它变得越来越薄，好像在提醒我们要珍惜时间。

过新年时，人们会聚集在一起倒计时，共同迎接新的一年。

3! 2! 1
新年快乐

传统文化中的"九九消寒图"也是另一种倒计时。"亭前垂柳珍重待春風"这九个字每字九画，从冬至开始每天按照书写顺序填充一个笔画。随着剩下的空白越来越少，春天也越来越近，等到九个字全部填完，春天就到了。

填写时可以用不同颜色来代表不同的天气情况，比如晴天用红色，阴天用蓝色，下雪天用白色。

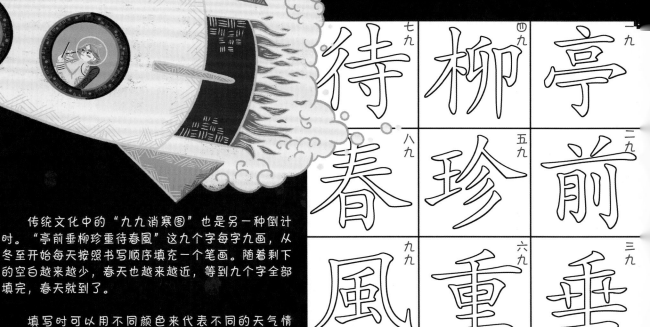

虽然听起来非常不可思议，但很多生物的身体里都藏着一个"钟表"——生物钟。它就像一双看不见的手，能让生物在它的指挥下自然而然地在特定的时间做特定的事情。你想找到它吗？那就留心观察一下那些有规律的周期变化吧！

生物体内的"隐形"时钟

关于生物钟的形成，科学家们有两种猜想。外源说认为生物钟来自生物对外界环境的反应。而内源说则相信生物钟是先天的，具有遗传性。

日节律

日节律也叫昼夜节律，以大约24小时为周期。植物的光合作用速率变化、动物的捕食和睡眠等都是日节律的表现。

绝大部分蝙蝠白天时会聚集在洞穴里睡觉，到了晚上，它们才成群结队地外出觅食。

蝙蝠主要依靠超声波回声定位来确定障碍物和猎物的位置，所以即使是在黑暗中，它们也不会撞到树上。

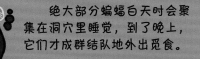

潮汐节律

潮汐对生活在沿海地区的动物和植物有着非常重大的影响，因此它们的活动规律基本和潮汐一致。

牡蛎、蛤蜊等贝类会在涨潮时张开硬壳进食，而在落潮时紧闭外壳，保护自己不受伤害。

一般情况下，人们在白天时精力会更加旺盛，学习和记忆能力更强，而到了夜晚，工作效率会降低，情绪也更容易低迷。

当人体内的生物钟和外界的昼夜变化不同步时，人就会感到不适。比如当一个人突然到相隔好几个时区的地方旅行或者生活时，常常需要通过睡眠来"调整生物钟"。

年节律

年节律是以大约一整年为周期的，比如动物的冬眠、植物的开花结果等。

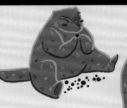

旱獭每年都会冬眠。在冬眠前，它会吃很多食物来获得大量的脂肪。

从秋后到来年三四月，旱獭都处于冬眠状态。它们不再进食，身体消耗着那些提前储存起来的脂肪。

大约每年四月，雄性梅花鹿的角都会脱落，然后长出新的。

豆雁俗名大雁，是中国最常见的候鸟之一，它们在秋分后成群结队地飞往南方过冬，等春分过后，又从南方飞回北方繁殖。

生活在美国加利福尼亚海岸的灰鲸是世界上迁徙距离最长的哺乳动物之一。每年五月，它们都会穿过白令海峡，到北极圈寻找食物。

夏天时，白鼬的毛色是棕黄色的，而到了冬天，它的毛色就变成了纯白色，只有尾端为黑色。

大多数企鹅一年只繁殖一次，雌企鹅在产卵后就会奔向海洋觅食，而雄企鹅则独自孵卵。

植物的"钟表"

大树被砍掉后会在地上留下一截树桩，树桩上有一个一个的圆圈，这就是年轮。

夏天气候炎热，雨水充足，所以树木长得很快；冬天气温变低，水分减少，树木长得也慢了。这样时而长得快，时而长得慢，一年过去后，树木就长出了一圈年轮，所以数一数年轮有多少圈，就可以知道这棵大树多少岁了。

根据年轮的宽窄情况，人们可以推测出历年的气候变化情况。

19世纪时，美国加利福尼亚州的红杉木遭到了大面积的砍伐，很多生长了千年的红杉倒在了伐木工人的斧头下。这些树的横截面比两个成年人加起来都高，上面布满了密密麻麻的年轮。

2020年，这棵树被砍伐。

2008年，第29届夏季奥林匹克运动会在中国北京举行。

2003年，中国首次发射载人宇宙飞船"神舟五号"并获得成功。

1996年，美国成功发射火星"探路者号"探测器。

一棵50岁的大树曾经见证过的事情

1985年，中国第一个南极科学考察站——长城站在南极洲建成。

1981年，世界上第一代个人计算机出现。

1970年，这棵树被种下。中国成功发射第一颗人造地球卫星——"东方红一号"卫星。

生长在热带的树木几乎没有年轮，因为这里的温度和水分等非常稳定，树木的生长速度没有明显差异。

如果仔细观察的话，我们可以发现，并不是所有的植物都在白天开花。

蒲公英的花朵绽放着。

昙花的花朵闭合着。

酢浆草的叶子舒展着。

睡莲在水面上开着花。到了中午，花开得比早上更大了。

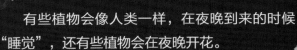

根据不同花朵在一天中开放和闭合的时间不同这一现象，瑞典的博物学家林奈制作了一个"花钟"。只要看下现在开放的是哪种花，就可以知道大概的时间了。

有些植物会像人类一样，在夜晚到来的时候"睡觉"，还有些植物会在夜晚开花。

晚上9点左右，昙花开放了。昙花的花期非常短，只有几个小时，所以人们用"昙花一现"来形容时间的短暂。

酢浆草的叶子垂了下去。

睡莲"关上"了它们的花朵，等到太阳再次升起时，又会重新绽放。

蒲公英的花朵也闭合了。

没有过去就没有现在

如果时间旅行真的可以实现，那么我们不就可以把现在的科技带回过去，加速人类社会的发展吗？我们还可以回到战争之前，阻止战争的发生；回到恐龙时代，把恐龙蛋带回来研究……

然而，时间旅行这件事往往是自相矛盾的，它让一件事情变得存在又不存在。这是怎么回事呢？我们可以来看看安娜的故事。

于是今天白天，妈妈带安娜去医院看牙医。

安娜最近总是牙疼。

因为她吃的甜食太多了，所以长了龋齿。

我是来自未来的你。如果你继续吃甜食的话，未来就会像我一样长龋齿！

时光机

晚上，安娜躺在床上想："要是能回到过去就好了，我一定告诉以前的自己，不要吃那么多甜食。"

突然，一台时光机出现了。安娜乘坐时光机回到过去，找到了还没有长龋齿时的自己。

没有过去就没有现在，我们无法改变过去，但却可以通过改变现在来改变未来。

19世纪时，英国的威尔斯第一次在他的科幻小说《时间机器》中提出了穿越时间的概念。

啊！好疼啊！

过去的安娜

过去的安娜听到后，放下了手里的甜食，并决定以后再也不吃甜食了。

"砰！"安娜消失了。因为过去的安娜不吃甜食了，所以就没有了后来长龋齿的安娜。

但如果是这样的话，也就没有了乘坐时光机回到过去的安娜，以及听到未来的自己会长龋齿后决定不吃甜食的安娜。

虽然我们不能回到过去，但却可以"看到"过去。

8分钟

太阳离我们非常远，即使是光都需要经过大约8分钟才能到达地球。所以我们现在看到的太阳光其实是太阳在大约8分钟前发出来的。

詹姆斯·韦伯太空望远镜

据说詹姆斯·韦伯太空望远镜可以观测到宇宙中形成的第一批恒星。

警惕"时间小偷"

小心！

在我们的周围藏着很多"时间小偷"，如果你不珍惜自己的时间，它就会趁你不注意，把这些时间偷走！

嘀嗒！嘀嗒！

找找看，图中的小朋友在原本应该做作业的时间里，都做了哪些事情？"时间小偷"一共出现了几次？

回忆一下，你有没有过下面这些想法或行为？

1. 反正爸爸妈妈看不见，我一会儿再做作业。

2. 时间还早呢，再看一会儿电视也来得及。

3. 掉到地上的铅笔、窗外的小鸟、台灯的亮度、妈妈在厨房里炒菜的声音……都比作业吸引我。

4. 只要我坐在书桌前就可以了，即使什么都没有学进去妈妈也很高兴。

5. 早上起床好困啊，再多睡十分钟吧！

6. 妈妈让我快点写作业，那我就随便写一些吧！对错不重要。

7. 和朋友约好了一起出去玩的时间，我却迟到了。

8. 我总是会花很长时间来考虑先做哪一件事情。

9. 马上要睡觉了，怎么还有这么多事没做？

10. 怎么一到做作业的时候，我的文具就找不到了？

如果你经常有这些想法和行为，那就要小心了，"时间小偷"已经偷走了你很多时间！

我们每天的时间都是有限的，而且时间并不会停下来等我们玩耍完再走。如果我们在做一件事情的时候总是一会儿去干这个，一会儿去做那个，那么我们就会发现原本只需要半个小时就能做完的事情，花了两个小时还没有做完！而多花的一个半小时就是被"时间小偷"偷走了！

看电视

吃零食

玩游戏

发呆

洗澡

和小猫玩耍

"时间小偷"最喜欢拖沓、磨蹭的小孩，因为他们的时间安排总是很混乱，即使被偷走了也发现不了；"时间小偷"最害怕认真守时的小孩，因为他们把每一分钟都安排得非常清楚，而且总能按时完成计划。

嘻嘻！想不到吧！是你自己把时间浪费掉了！

计划表

1. 列出自己今天要做的事情，比如按时起床、写作业、做手工、观察树叶、玩游戏、看电视、睡觉等。

2. 在爸爸妈妈的帮助下把列出的事情进行排序，将必须要做的重要事情放在最前面。

3. 估算完成每件事情所需的时间。当然，我们都希望玩耍的时间越长越好，但这就意味着完成其他事情的时间被缩短了。所以如果我们想要完成自己列出的每件事情，那就要尽量合理地划分自己的时间。

4. 时间安排好后，需要严格执行。比如决定用半个小时来做作业，如果时间到了却没有完成，那就要反思下是什么原因，然后在第二天进行调整。

5. 每完成一项就在那件事后画个笑脸，没有完成的则打个×。

6. 适当地奖励自己。如果当天的计划全部都完成了，那么就给自己一些奖励吧！因为你做到了一件非常棒的事情！

那些重要的事儿

约**138**亿年前，宇宙诞生了。

约**46**亿年前，我们生活的地球形成了。

约**38**亿年前，地球上出现了生命。

距今约**2.5**亿年到**6500**万年前，恐龙生活在地球上。

约**600**万年前，人类的祖先出现了。

约**1**万年前，人类从以打制石器为标志的旧石器时代进入以磨制石器为标志的新石器时代。

约**6900**年前，以彩陶为艺术代表的仰韶文化在中华大地上出现。不久后，中国汉字开始萌芽。

公元前**3500**年左右，两河流域的苏美尔人创造了楔形文字，而古埃及出现了象形文字。

约**180**万年前，非洲的能人已经会制造、使用工具。

公元前**27**世纪，埃及古王国建立，开始大规模地修建金字塔。

公元前**2070**年，中国夏朝建立。这是中国历史上第一个朝代。

公元前**776**年，第一届奥林匹克运动会在古希腊奥林匹亚举行。

公元前**334**年，古代马其顿国王亚历山大大帝率军东征，并最终建立起横跨欧、亚、非三洲的亚历山大帝国。

公元前**221**年，秦王嬴政统一六国，建立秦朝，自称"始皇帝"。

公元前**104**年左右，西汉史学家司马迁开始编撰中国第一部纪传体通史——《史记》。

105年，东汉蔡伦改进造纸术。

618年，李渊建立唐朝。

962年，德意志国王奥托一世加冕称帝。1157年，帝国被称为神圣罗马帝国。

11世纪中期，北宋工匠毕昇发明了活字印刷术。

1275年，马可·波罗来到中国。后来，他返回威尼斯，口述撰写了《马可·波罗游记》。

13世纪时，中国的火药传入欧洲。

1307年左右，"意大利诗歌之父"但丁开始创作《神曲》。

1420年，世界上最大的宫殿建筑群紫禁城宫殿在北京建成。

1492年，意大利利航海家哥伦布发现美洲大陆。

1522年，西班牙航海家完成了人类历史上第一次环球航行，证明了地圆学说。

约1543年，哥白尼出版了《天体运行论》，阐述了日心说。

1582年，罗马教皇格里高利颁布历法，也就是现在使用的公历。

17世纪初，意大利的伽利略制成了世界上第一架天文望远镜。

1687年，英国物理学家、数学家牛顿出版了《自然哲学的数学原理》一书，提出了力学三大定律和万有引力定律。

1735年，瑞典博物学家林奈出版了生物分类学专著《自然系统》。

公元1665年，英国物理学家胡克在他的《显微图集》中首次提出了"细胞"这个名词。

1765年，英国发明家瓦特对当时的蒸汽机进行了改良。

1799年，意大利物理学家伏打发明了世界上第一个电池——伏打电堆。

1804年，法国人拿破仑称帝，法兰西共和国变为法兰西帝国。

19世纪初期，英国建成世界上第一条铁路。

1859年，英国生物学家达尔文出版《物种起源》，提出生物进化论。

1876年，美国发明家贝尔发明了电话。

1879年，美国发明家爱迪生制成碳丝白炽灯，开创人类电气照明时代。

1903年，美国莱特兄弟研制的第一架飞机"飞行者一号"试飞成功。

1905年，物理学家爱因斯坦提出了狭义相对论。

1912年，德国地球物理学家魏格纳正式提出大陆漂移说，以此来解释地壳运动和海陆分布、演变。

1914~1918年，第一次世界大战。

1939年，第二次世界大战全面爆发。

1949年，中华人民共和国成立。

1954年，美国建成世界上第一艘核潜艇"鹦鹉螺号"。

1957年，苏联成功发射世界上第一颗人造地球卫星，人类进入空间科学时代。

1961年，苏联"东方一号"载人飞船发射成功，加加林成为世界上第一位进入太空的航天员。

1969年，美国航天员阿姆斯特朗等人乘坐"阿波罗11号"宇宙飞船完成人类首次登月。

1973年，中国农学家袁隆平成功培育出世界上第一批具有强优势的杂交水稻。

1996年，美国成功发射"探路者号"探测器，并于次年在火星成功着陆。

注：公元前27世纪为公元前2699年～公元前2600年，公元13世纪为公元1200年～公元1299年，其他世纪同理。